人間としての尊厳を守るために

国際人道支援と
食のセーフティネットの構築

ヨハン・セルス

チャールズ・E・マクジルトン

聖学院大学出版会

まえがき

他人《ひと》の役に立ちたい――こうした思いを持っている人は多いでしょう。でも、実際に何をするか（しているか）という段階になると、具体的に答えることができる人の数はかなり減るのではないでしょうか。この本には、そうした「他人の役に立ちたい」といったきわめてシンプルな動機からなされた2つの具体的な事例が収録されています。

チャールズ・Ｅ・マクジルトン氏は、日本で「セカンドハーベスト・ジャパン」というＮＰＯ（非営利組織）を立ち上げて、食べ物を必要としている人々に食料品を提供する活動を展開しています。他方、ヨハン・セルス氏は、ＵＮＨＣＲ（国連難民高等弁務官事務所）という国際機関の駐日代表として、強制的に住まいを追われた世界中の人たちを保護する活動に携わっています。両氏は、活動している分野も、活動領域も、そして活動の手法も異なります。しかし、お二人の講演からは、「困っている人の役に立ちたい」という強い思いが感じられます。

私たちは、世界中の「困っている人」に対して何ができるのでしょうか。もちろん、それぞれの状況は千差万別であり、「これをすれば良い」という確かな答えはありません。

しかし、さまざまなニュースに接するとき、「人権」という共通のキーワードが浮かび上がってきます。人権が保障されないがために、人間としての尊厳を奪われたり、生きていくための最低限の物資が手に入れられなかったり、生命の危険に曝されるような状況に立たされている人々が、この世界には数え切れないほど存在します。

「人権」はひとつの概念であり、ひとつの法規範です。歴史的に見れば、国家権力に対抗して個人の尊厳を確保するため、多くの人が身を賭して闘い、勝ち取ってきた政治的理念であり法的権利です。したがって私たちが人権について語るとき、国家が人々をどう扱うべきか、個人は国に対して何を要求することができるのか、といったマクロな視点に注目する傾向があります。

しかし同時に、人権をめぐる議論には、私たち一人ひとりの他者に対する態度のありようというミクロな問題も含まれます。これは、一般にはなかなか自覚されにくく、また見落とされがちな点です。試みに、この「人権」という言葉の前に、「○○さんの」あるいは「自分の身の回りの」という言葉を付け加えてみてください。具体的な問題や個人の顔をすぐに頭に思い浮かべることができるでしょうか。

マクジルトン氏とセルス氏の講演には、ミクロの視点から捉えた人権問題、すなわち、他者とどう向き合うかという問題意識が強くにじみ出ています。私たちは、2つの講演を通して、人権問題は、遠い国で起きていることでもなければ、何か特殊な人たちが直面する問題でもなく、ましてや法律文書に書かれただけの無味乾燥なものでもないということに気づかされます。私たちの手の届くところに助けを必要としている人がいるという事実に気づくこと、そしてその人たちに真摯に応答できる社会をどう作っていくかを考えること、そうしたことの積み重ねの大切さを教わることができるはずです。

小松﨑利明

もくじ

国際人権とは何か

——日本における難民認定と出入国管理の現状から考える

ヨハン・セルス
小松﨑利明 訳

国連難民高等弁務官事務所（ＵＮＨＣＲ：United Nations High Commissioner for Refugees）は国連総会決議によって１９５０年12月14日に設立され、翌年1月1日に活動を開始しました。ＵＮＨＣＲは人道的見地から紛争や迫害によって故郷を追われた世界の難民の保護と難民問題の解決へ向けた国際的な活動を先導、調整する任務を負っています。難民の権利と尊厳を守り、すべての人が庇護を求める権利を行使し、安全に庇護を受け、延いては自主的に帰還、あるいは庇護国に定住、または第三国に定住できるために努力します。

（国連難民高等弁務官事務所ＨＰ「基本情報」より）

皆さんおはようございます。本日ここに来られましたことをたいへん嬉しく思います。最初にお詫びしなければいけないのですが、日本に来て7カ月になりますが、私の日本語はそれほど上手ではありませんので今日は英語でお話しすることになります。

皆さんは非常に優秀な学生さんであり、国際関係・国際政治に非常に関心を持たれていると思いますので、できるだけ興味深い講演になるようにしたいと思います。もし私の公演中に何か質問がありましたら、手を挙げてお尋ねください。これからお話しすることは私が興味を持っていることですが、皆さんにも興味を持っていただきたいので、双方向の講義を進めていきたいと思います。

私はＵＮＨＣＲ（国連難民高等弁務官事務所）に勤めて約20年になります。はじめは香港のベトナム難民キャンプで勤務に就きました。そして、最初の湾岸戦争のときにイラク北部の難民キャンプでも働きました。また、旧ユーゴスラビア崩壊のときには、ブルガリアで任務に就きました。それから、皆さんもよくご存知である当時高等弁務官を務めておられた緒方貞子さんと一緒に仕事をさせていただく素晴らしい機会に恵まれました。そして幸運なことに緒方元高等弁務官のスピーチ原稿をたくさん書かせてもらいました。その後、エチオピアに赴任しました。今日は、現場の経験を踏まえ、難民とは何か、難民を助けるとはどういうことかについて、国際的な観点からだけではなく、日本の視点からもお話ししたいと思います。

UNHCRの活動

ＵＮＨＣＲは人道支援の組織であり、おもに紛争や戦争、暴力などによって強制的に移動させられた人々を援助する活動をしています。第二次世界大戦直後、ヨーロッパで起きた状況に対処するという目的のもとに設立され、活動が始まりました。そして脱植民地化紛争の時代になって、アフリカやアジアといったヨーロッパ以外の地域でも徐々に活動を行うようになりました。

現在私たちの支援の対象は、難民に限らず、国内避難民、そして無国籍の人々にも及んでいます。第１のグループの難民というのは、自国から離れざるをえない状況になり、他の国に逃れた人を指します。その法的な定義は後ほどお話しします。第２のグループの国内避難民は、住居を追われたものの自国内にとどまっている人を指します。なぜ国内避難民が特別な存在になるのか不思議に思われる方もおられるかもしれません。政治学を勉強されている皆さんならおわかりになると思いますが、国家の主権というととても繊細な問題が絡んでくるからです。これも後ほどお話ししたいと思います。第３のグループは無国籍者です。無国籍者は、その名のとおり国籍を持たない人で、国から保護を受けられない人のことです。皆さんここ数カ月の間に新聞に出ていた記事を読まれたかもしれませんが、無国籍の人が国籍の取得を裁判所に求めているという報道がありました。

ＵＮＨＣＲには世界で約６５００人のスタッフが働いており、そのうちの１５００人が「プロフェッショナル・スタッフ」と呼ばれる国際職員です。年間予算は20億ドルです。大きな額のように思われるかもしれませんが、現在の世界の危機的状況から見れば不十分です。私たちの日本での活動は、もちろん日本に来る難民や、庇護申請者に支援を行っているわけですが、政府や官庁に多くの法的、政策的助言も行っています。本日ここでお話をしているように、情報を共有することによって難民に関する知識を広めるという渉外・広報活動も行っています。さらに、もちろん資金調達も重要です。ご存知のように日本は国際社会において指導的な役割を担っています。国連における日本の拠出金額はアメリカに次いで第２の地位にあります。

世界の難民状況

これからＵＮＨＣＲの支援対象者となる人々の分布に関する地図（図１・２）を見ていただきます。アメリカ大陸から始めたいと思います。現在コロンビアでは大変な危機が起こっています。ニカラグア、エルサルバドルでの紛争のために、中米では長期にわたって多くの難民が発生しています。アフリカでは、アフリカの角と呼ばれるソマリア、エチオピアでも多くの難民が発生しています。現在ソマリアはアフリカで最も人道的な危機にある国です。９００万人の人口のうち、１３０万人が国内避難民であり、50万人が周辺国のケニア、エチオピ

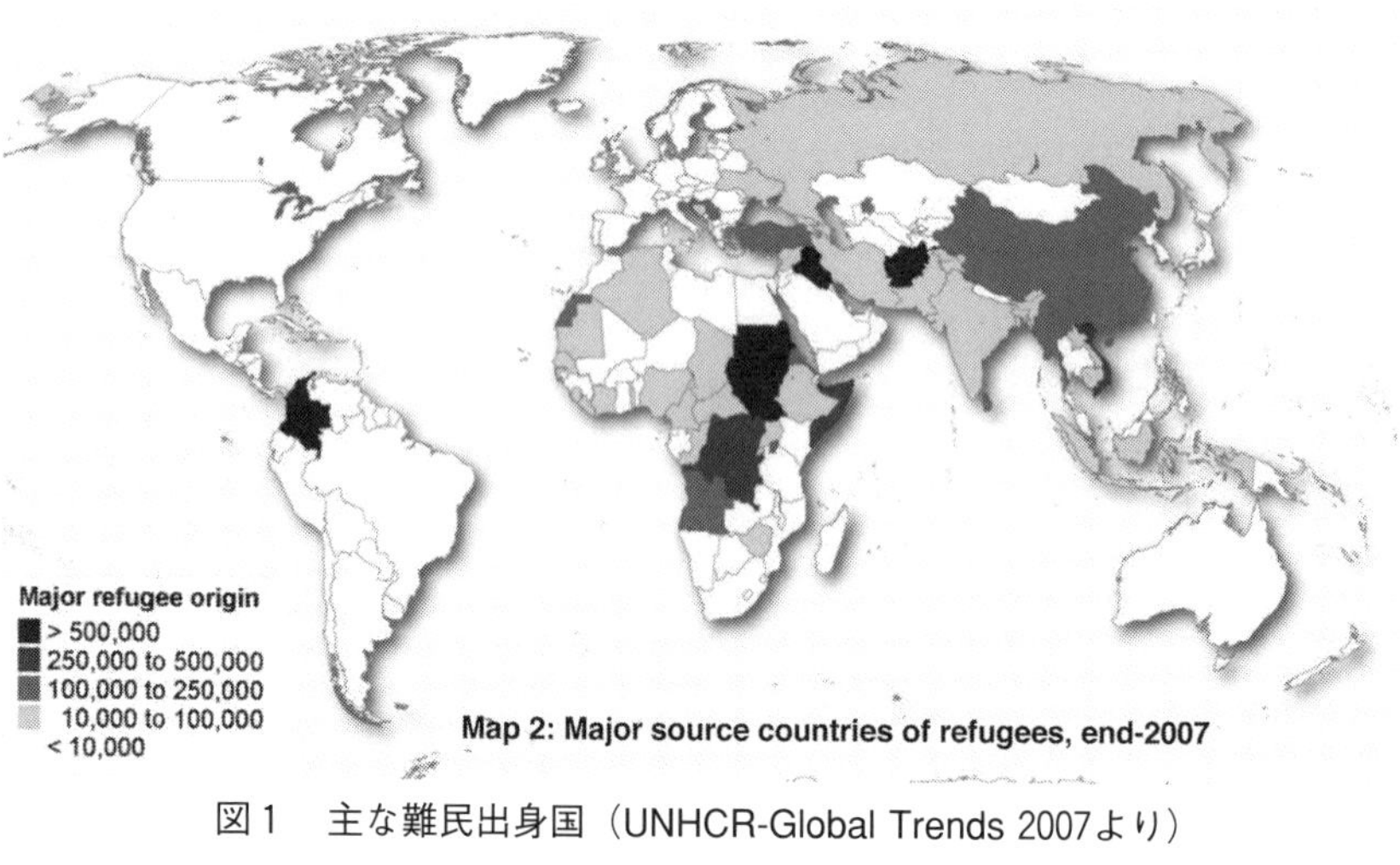

図１　主な難民出身国（UNHCR-Global Trends 2007より）

ア、エリトリア、ジブチに逃れています。第2に大きな人道的危機にある国はスーダンです。スーダンについては後ほど詳しくお話ししたいと思います。そして、コンゴ民主共和国東部、それから国境を接しているルワンダとブルンジです。中東地域で最も深刻な人道危機に直面しているのは、もちろんイラクです。約１００万人の国内避難民がおり、シリアとヨルダンで約２００万人が逃れています。そして、もちろんアフガニスタンの状況はたいへん深刻です。この数週間にパキスタンの状況も悪化しており、近年にない速さで危機が進行しています。今年のはじめには50万人の国内避難民がおり、最近3週間で２００万人増加しました。人道的な意味だけではなく、政治

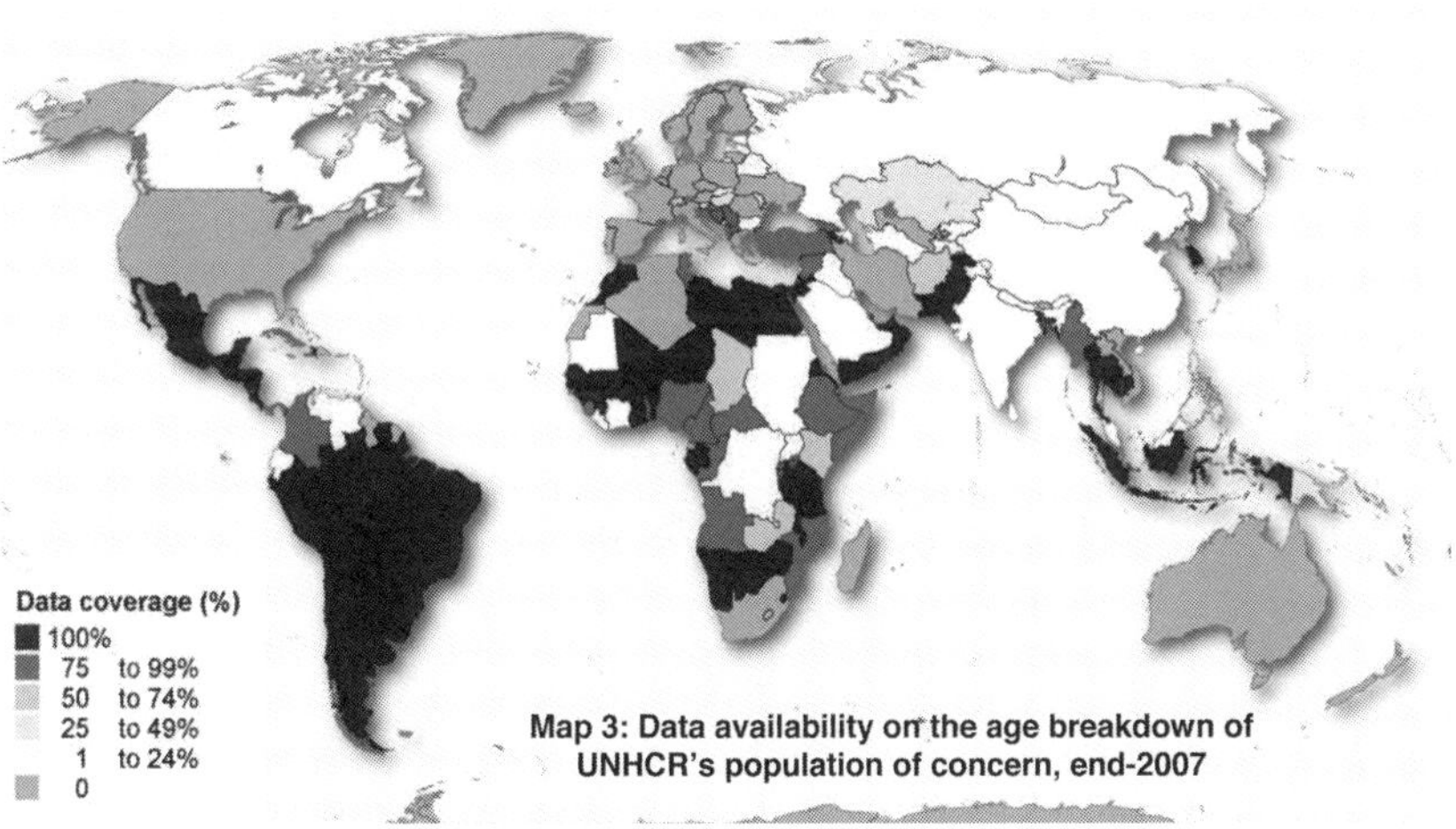

図２　UNHCR の支援対象者（UNHCR-Global Trends 2007より）

的な意味でも危険な状態にあると言えます。

さらに、スリランカではこの数週間で約30万人が紛争の影響を受けて住居を追われています。国内避難民の規模を表している地図（図3）を見ていただければ、紛争によって住居を追われた人がどれほど多いかがわかると思います。こうした紛争多発地域で近い将来に何が起こるかといえば、もちろん、パキスタンやアフガニスタンの状況はおそらく悪化するでしょう。ソマリアも深刻化するでしょう。スーダンでは、現在ダルフールよりも多くの人がスーダン南部で亡くなっています。こうした問題に直接影響を受けずに日本に住んでいる皆さんはとても恵まれていると言えるでしょう。

次に、難民受け入れ国とその数について

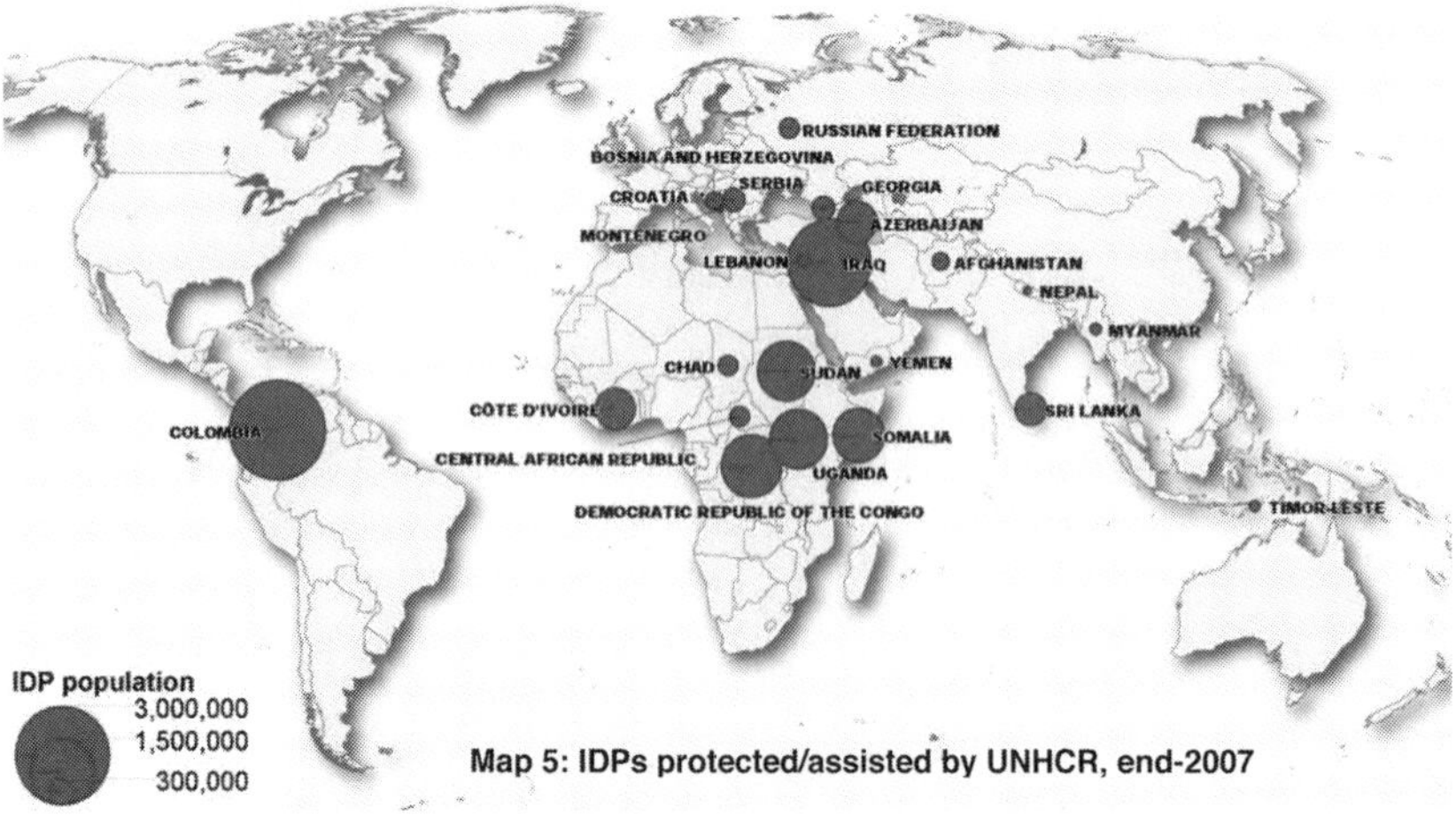

図3　UNHCRの保護／支援対象となる国内避難民
（UNHCR-Global Trends 2007より）
IDPs : Internally displaced persons

の図(図4)を見てください。ここにあるのはただの数字ではありますが、この数字の背後にどれだけ多くの人がいるのかを想像していただきたいと思います。これはたいへん大きな数です。この図に日本の名前はありませんが、もしここに日本を入れるとすれば、かなり下のほうに入ると思います。

日本のUNHCRに対する貢献についてお話しします。先ほど予算が20億ドルあると言いましたが、これは各国の自発的な寄付です。つまり、人道危機に対して支援をするよう各国政府に対して毎年お願いしなければならないのです。PKOなど他の国連機関の活動には、分担金が配分されます。つまり、政府には割当額があり、自動的に資金を支払うことになっています。UNH

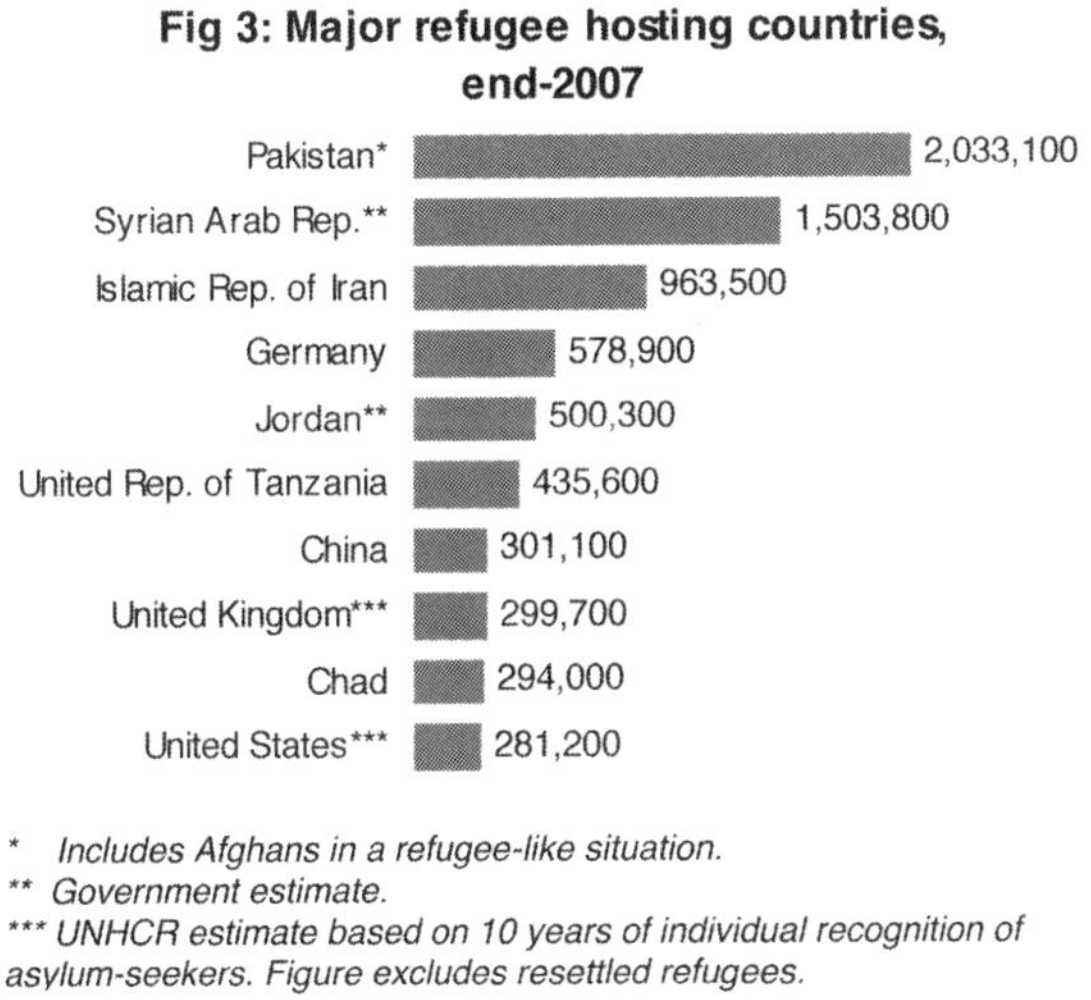

図4　主な難民受け入れ国（UNHCR-Global Trends 2007より）

CRの場合はそうではなくて、あくまでも任意拠出です。日本の拠出金の配分先は、おもにアフリカとアジア、具体的にはスーダンやパキスタン、そしてアフガニスタンです。

人道的支援とは

私が日本に来る前に直接かかわっていた具体的な活動について少しお話ししたいと思います。私は日本に来る前、ニューヨークで基本的に国連平和維持活動（ＰＫＯ）にかかわっていました。私の任務は、ＵＮＨＣＲを代表してＰＫＯの展開について議論することでした。活動領域は基本的に２つあります。１つはスーダンのダルフールで、もう１つはチャド東部と中央アフリカ共和国の北東部です。

皆さんはダルフールで何が起きているかについてよくご存知だと思います。大まかに言えば、南の人々と北の人々との対立であり、その原因の一部は民族的緊張と宗教的緊張にあります。しかし、もう１つの問題として、ダルフール地方と首都との対立が挙げられます。ダルフール地方は、中央政府の政治的権力から排除されています。その結果、２００万人の国内避難民が発生し、30万人が殺され、25万人が国境を越えてチャド東部に逃れています。それによってチャド東部でも国内問題が発生しています。そこで、どのような人道的活動をするか、どのようなシステムをもって支援するかが論点となります。

保護および緊急支援

ＵＮＨＣＲの立場から言えば、最も優先すべきは保護することです。保護というのは、難民が基本的権利を享受できるようにすることです。基本的権利とは、生命に対する権利、食糧を得る権利、生き延びるために不可欠な要素が満たされるということです。次に緊急支援です。緊急支援は、非常に単純で基本的なことです。ほとんどの場合、まずテント、ビニールシート、毛布、調理器具、そして食糧を提供します。基本的に人々はその中で生きて行くことを期待されていますが、実際それは非常にわずかな量でしかないのです。私たちの緊急支援活動の任務は、そうした人が生き残れるようにすることです。そして、子どもたちが初等教育を受けられるようにすることです。

そして長期的には、貧困が悪化してしまう問題がありますが、それはＵＮＨＣＲの任務にはなりません。しかしそこにもまた大きな問題があります。そうした地域では、人々が何年も住居を追われた状況にいます。難民キャンプには2～4万人の人が暮らしています。最低限の物しかないまま何年も暮らさなければいけない状況で、子どもたちにどのような影響を及ぼすことになるのかを考えなければいけません。人々が家族を養うためにどのようにして生計を立てていけばよいのかということも問題になります。私たちが普段当然のように享受しているものが、難民キャンプではほとんど手に入らないのが現実です。

帰還・再定住プログラム

難民キャンプで長い間生活した人々が、帰還して新しい生活を始めることになったとしても、そこには新たな問題があります。現在私たちは、スーダン南部の人々の大規模な帰還・再定住プログラムに取り組んでいます。何十万もの人々が近隣諸国からスーダンに帰還していますが、実は、この人たちが戻る場所はないも同然なのです。スーダン南部は紛争が20～30年も続いているために、学校や病院などの社会基盤が整っていません。したがって、難民を帰還させても、まずは道路や橋、そして学校や病院を建設しなければなりません。そうしないと逆に基本的サービスが整っている難民キャンプに残ることを選択してしまうからです。

人間の安全保障アプローチ——NGOとも協働

現在私たちが取り組んでいる活動の一部をご紹介しましょう。重要なのは、コミュニティ・ベースの活動です。つまり、ボトム・アップで社会の再構築を支援するということです。スーダン南部では政府や行政組織が機能していません。コミュニティに基本的な住民サービスを提供できる中央政府や地方政府が存在しません。したがって、基本的サービスを構築するためにどういう手助けができるかということが私たちにとっての問題になります。そうした取り組みは、「人間の安全保障アプローチ」とも呼ばれていて、現在日本の外交政策における最優先課題の１つになっています。

また私たちは、ＮＧＯとも協動して活動を行っています。現在一緒に活動している日本のＮＧＯについてご紹介します。「ピースウィンズ・ジャパン（ＰＷＪ）」という団体は、水や衛生環境、学校などにかかわっています。「ジェン（ＪＥＮ）」は、教員養成のプログラムを行っています。これについて少しお話をしたいと思います。

ケニアのカクマという難民キャンプにいるスーダン難民が、スーダンには戻りたくないと言いました。理由を尋ねると、難民キャンプには教師養成のためのプログラムや施設があるが、スーダンに戻ると教員養成ができなくなるからだということでした。そこで私たちは日本の外務省と協議して、南スーダンに教員養成施設、教師のための学校を建設することになりました。９００万ドルの計画です。基本的には日本の外務省からの拠出ですが、同時に日本の民間企業や個人の方からも支えられています。もし人道支援にかかわりたいと思っている人がいらっしゃったら、こうしたＮＧＯの活動にかかわることから始めることをお勧めします。現場で働くというのはとても貴重な体験になると思います。私がこの仕事に就いて最も重要だと思ったのは、現場での活動でした。そこには、大きな責任とやりがいがあります。

私たちが日本でやりたいことの１つは、日本のＮＧＯの能力を国際的なレベルにまで広げていくということです。欧米のＮＧＯだけではなく、日本のＮＧＯを通して、さらに可能性を高めていくことが重要です。なぜなら、地域によっては日本が活動することに大きな利点があるからです。たとえば、歴史的な経緯から、ある地域においては、欧米のＮＧＯよりも日本のＮＧＯが活動するほうが、物事が容易に進むことがあります。

難民の帰還の現状

難民の帰還がどのように行われるかについて少しお話しします。難民の帰還に際しては、飛行機やバス、トラックを使うこともありますが、だいたいは徒歩で帰還することになります。帰還する前には医療検診を行います。その後、援助物資を渡して、本国に近い場所に移ります。そして経済的援助を提供します。一家族に１００ドルです。それほど多い額ではありません。ようやく難民は元の住まいに帰ることになります。その後４～６カ月間支援を続けます。そしてコミュニティの再建になります。ただしそれは、難民たちだけではなく、地域のために行います。そうしなければ難民と地域コミュニティとの間に緊張関係が生まれるからです。

帰還から約2年間は経過を追いますが、その後は開発機関に引き継ぎます。この段階では、世界銀行などによる資金援助と人道支援とのギャップが問題になります。国際的なシステムにおいては人道的援助が短期間で迅速に実施することが期待され、またコミュニティの人々に焦点が当てられていますが、それに対して開発援助は、より中・長期の、そして国家全体を視野に入れて活動を行います。問題は、人道支援完了後、開発援助が実施されるまでの間、支援する機関が存在しなくなることです。これが、紛争を経験した約半数の国が平和協定を締結した後でも再び紛争に逆戻りする基本的な理由だと思います。いわゆる平和構築の失敗と呼ばれているものです。紛争後にどのような社会を構築するのかについて、さまざまな集団が合意を形成することは非常に複雑で困難なことであり、非常に長い時間を要することなのです。

日本における難民の保護

日本について少しお話ししたいと思います。難民の保護に関して第一義的な責任は政府にありますが、同時に市民や市民社会にも重要な役割があります。つまり、一般の人々に難民についての理解を深めてもらうということが重要だと思うのです。

難民は移民とどのように違うのか。先週も別の講演をしてきましたが、その際、自分たちのコミュニティに難民などの外国人が入ってくると犯罪率が上昇するのではないかという質問を受けました。東京に駐日事務所がある国際移住機関（ＩＯＭ）の統計によりますと、外国人の犯罪率は必ずしも高くないという結果が出ています。これは、私の国でもとてもデリケートな問題です。しかしながら、確かな情報に基づいて判断することが重要になります。そして、移民と難民を区別することも大切です。移民は、仕事や教育など、より良い生活を求めて他国に移り住む人のことを言います。それに対して難民は、強制的に自分の国を追われた人のことです。難民の場合、自らが選択したわけではありません。自分の命をとるか、自国から逃げるかという状況にいるわけです。これを理解することが重要な出発点になります。

皆さんの中には、インドシナ難民のことをご存知の方もいらっしゃるかもしれません。１９７９年から１９９３年の間に日本は１万１０００人のインドシナ難民を受け入ました。それは日本にとって成功事例でした。私たちは、このインドシナ難民がどのように日本社会に定着しているかについて研究を行いました。ほとんどの場合、彼らは日本語を話し、仕事をし、そして子どもたちは普通の学校に通っています。そうした経験から日本政府は、２００８年12月、タイからミャンマー難民90人を第三国定住のために試験的に受け入れるという決定を行い、２０１０年から開始されることになっています。これは非常に画期的です。３年間に90人というのはそれほど多い数ではないという意見もあります。しかし最も重要なのは、日本が第三国定住事業を実施する決定をしたアジアで最初のそして唯一の国だということです。日本の難民政策が変化している証拠です。

　もう少し詳しく説明します。新聞報道などを見ると、日本は難民に対して非常に閉鎖的な国だと一般的に受け止められています。私は、その逆であると言いたいと思います。視野を少し広げれば、37あるアジア太平洋諸国の中で１９５１年の難民条約を批准しているのは14カ国に過ぎません。この条約は、難民に対する国家の権利義務を定めている国際的な文書です。日本はその14カ国の中の１つです。その中でも実際に難民認定手続きを整備しているのはたった８カ国しかありません。日本の難民認定手続きはとても良い制度です。オーストラリアとニュージーランド以外では、日本と韓国の制度は非常に整っています。先ほどお話ししたように、その中でも日本は真っ先に第三国定住事業に乗り出した国です。

難民申請の数

難民申請の数を見てみましょう〔表1、法務省資料より〕。１９９８年からの8年間は、およそ平均３００前後という非常に低い値を示しています。理由は明らかです。１つには、日本は島国であり、他の国に行くよりも困難を伴うということが挙げられます。しかし過去2年間は申請数が増加しています。２００８年はほぼ１６００の申請がありました。全体から見れば、それでも低い数であることは変わりません。１６００のうち、80%はミャンマーからです。ミャンマーの人々にとって、日本へ行くというのは比較的容易だからです。それがこの高い比率の理由の１つです。

次に認定数を見てみましょう。基本的に日本では2種類の認定があります。１つは１９５１年難民条約に基づくもので、もう１つは人道的配慮による特別在留許可です。この特別在留許可は、難民条約の基準には合致しないものの、本国に帰ることができないなど難民と似たような状況にある人々に与えられます。１９９１年から98年頃の認定数は1年に1人から2人という非常に少ない数になっていて、日本は多くの批判を受けました。しかし、過去2年間は変化が見られます。２００８年は57人が難民条約における難民と認定され、３６０人が人道的配慮による特別在留許可を与えられました。これは過去最高です。したがって、日本の難民政策は変化してきており、ＵＮＨＣＲの立場からすると非常に歓

表1　難民認定申請および処理数の推移

平成20年12月31日現在

年　　別	申請数	認　定	不認定	取下げ等	人道配慮による在留
1982（昭和57）年	530	67(　)	40	59	
1983（　58）年	44	63(　)	177	23	
1984（　59）年	62	31(　)	114	18	
1985（　60）年	29	10(　)	28	7	
1986（　61）年	54	3(　)	5	5	
1987（　62）年	48	6(　)	35	11	
1988（　63）年	47	12(　)	62	7	
1989（平成元）年	50	2(　)	23	7	
1990（　2）年	32	2(　)	31	4	
1991（　3）年	42	1(　)	13	5	7
1992（　4）年	68	3(　)	40	2	2
1993（　5）年	50	6(　)	33	16	3
1994（　6）年	73	1(　)	41	9	9
1995（　7）年	52	2(　1)	32	24	3
1996（　8）年	147	1(　)	43	6	3
1997（　9）年	242	1(　)	80	27	3
1998（　10）年	133	16(　1)	293	41	42
1999（　11）年	260	16(　3)	177	16	44
2000（　12）年	216	22(　)	138	25	36
2001（　13）年	353	26(　2)	316	28	67
2002（　14）年	250	14(　)	211	39	40
2003（　15）年	336	10(　4)	298	23	16
2004（　16）年	426	15(　6)	294	41	9
2005（　17）年	384	46(　15)	249	32	97
2006（　18）年	954	34(　12)	389	48	53
2007（　19）年	816	41(　4)	446	61	88
2008（　20）年	1,599	57(　17)	791	87	360
合　　計	7,297	508(　65)	4,399	671	882

（注1）　認定のカッコ内は，難民不認定とされた者の中から異議申立の結果認定された数であり，内数として計上されている。

（注2）　人道配慮による在留は，難民不認定とされた者のうち，人道配慮することとされた者の数であり，在留資格変更許可及び期間更新許可数も含まれる。

出所：別表1「難民認定申請及び処理数の推移」『平成20年における難民認定者数等について』法務省入国管理局報道発表資料、平成21年1月30日
http：//www.moj.go.jp/content/000008012.pdf（2012/03/07）

迎すべきことです。しかし、これで十分というわけではありません。改善の余地はあります。

日本の難民認定手続き

日本の難民認定手続きについて見てみたいと思います。難民を申請する人は、入国管理局に申請書を提出します。そして、特別に訓練された担当者の面接を受けます。「特別に訓練された」というのは、面接官には、申請者がなぜ自国から逃れなければいけなかったのかについて情報を得るための特別な技術が必要とされるということです。また、適切な質問をするために、その申請者の出身国について精通していることも求められます。そして、申請者が真実を話しているのかどうかも判断しなければいけません。面接を通過すれば、条約上の難民の地位、もしくは人道的配慮による特別在留許可を得ることになります。この2つの地位にはそれほど大きな違いはありません。両者とも法的に居住し就労することが認められ、公的な医療サービスや教育などを受けることができます。また、難民事業本部という特別な組織があります。ここでは、日本語教育や臨時宿泊施設の提供、就職の斡旋などを行っています。

最近新聞でも報道されていますが、大きな問題になっているのは、最初の難民申請の段階における支援提供です。申請者は就労することも許されていませんし、日本語も話せません。そのような状況をどのように乗り切ればよいのか、最低限の支援をどこで受ければよいのか、そうしたことが現在の課題となっています。こうした状況に支援の手を差し伸べるＮＧＯもいくつかあります。問題の一端は、すべての手続きを終えるのに2年ほどを要するということにあります。それはとても長い時間です。就労が認められない状態で、食べる物や住む場所を手に入れるために、この2年間どうやって生きていけばよいのでしょうか。

　申請手続きに戻りますが、申請が却下された場合、申請者は異議を申し立てることができます。この異議が認められれば、難民の地位を獲得することができます。異議が認められなかった場合は、司法判断という道があります。そこで異議が認められると、裁判所は入国管理局に事案の再審査を求めます。ほとんどの場合、入国管理局は裁判所の判断に沿って、不認定の決定を変更しています。現在法務省と協議しているのが、このプロセスをどのように迅速に行うかということです。2年というのは長い。また、申請者の数は年々増加しており、このプロセス自体に負荷がかかっています。その結果、どんどん遅れることになります。これが日本の難民認定手続きの概要です。

◇質疑応答◇

質問　今日はどうもありがとうございました。私の質問は、2年間で1人の難民にどれくらいの予算を見てらっしゃるのかをお聞きしたいのですが。

セルス　正直申し上げて予算についてはわかりません。現在私たちが取り組んでいる問題の1つは、申請者が難民だということが明らかな場合は、入国管理局での手続きも迅速にすることができますが、同時に、明らかに難民ではない申請者の場合の手続きも整備する必要があるということです。単に仕事がしたいために申請している場合もあります。それは難民条約とは無関係です。このような、明らかに根拠のない申請者に対応する迅速な手続きも整備する必要があります。そうすれば、手続き全体にかかる時間は、もっと短くなります。2年間というのは平均値です。

質問　セルスさんはかなり多くの紛争国に行かれたようですけれども、日本に来られた最大の目的は何でしょうか。教育のような気がするんですけれども、それが1点。2点目は、今のような難民の対処方法に私は疑問を感じています。というのは、難民が希望する国を第一優先とするようなシステムになっているのかどうかということです。あるいは、難民について国際機関がある教育機関を作って、そこで教育なりをしてから希望を受け入れる国に振り分けをするというようなことも考えられると思うのですが、その点について伺いたいと思います。

セルス　とても良い質問です。2点目のご質問から答えたいと思います。まず、人間は自由に行動します。それを管理するのは非常に困難です。現在世界には1億5000万人の移民がいます。日本ではあまり問題になっていませんが、マレーシアやインドネシア、そして多くのヨーロッパ諸国が直面している問題は、移民の流入です。偽造書類を使ったり、ボートで渡ったりして、なかにはボートが転覆して死亡する人もいるといった、悲劇的な話もあります。移民問題について国際的な合意を形成しなければいけないという点についてはそのとおりだと思いますが、グローバル化した世界では、人々の移動を管理することは不可能です。理由は、どの国も人々の移動に関して主権を放棄したくないと考えているからです。過去数年間でこの問題については激しい論争がありました。たとえば、移民労働者の権利に関する国際条約に署名をした国はごくわずかです。難民に関して言えば、第三国定住というものがあります。毎年約10万人が難民キャンプから第三国に再定住しています。受け入れ数が多いのは米国、カナダ、オーストラリア、ニュージーランド、そしていくつかの北欧諸国です。したがって、日本やブラジルといった国が再定住に門戸を開くことがとても重要なのです。それは、国際的な責任分担の一部です。数が問題なのではなく、受け入れるという意思、そして実際に受け入れを成功させることが大事なのです。

　では、１つ目のなぜ日本に来たかというご質問にお答えします。上司である国連難民高等弁務官に、日本に行ってみたいと思うかと尋ねられました。こうしたことをボスから尋ねられたとき、ＵＮＨＣＲではだいたい断ることができません。断れば、国境沿いの森林地帯に派遣されることになったかもしれません。だから、日本に来られたのは非常に幸運でした。それは冗談ですが、ＵＮＨＣＲにとって日本はとても大切な国です。先ほど拠出金の話を少ししましたが、財政的な意味だけではなく、政治的な意味でも大切なのです。日本が人道支援活動やＵＮＨＣＲなどの人道援助団体に対して行っている政治的支援が重要です。現在日本は国連安保理の非常任理事国になっています。国際的な危機に対して日本が安保理でどのように発言するか、どのように対処するかということが非常に重要です。したがって、そうした政治的リーダーシップを持つ日本と緊密な関係を持つことは私たちにとってもとても大事なのです。

質問　私は日本では難民よりももっと酷い状況が起こりつつあるのではないかと。たとえば、若い人が職に就けずにいる状況、あるいは老人が人知れず死んでいく、あるいは自殺者が年3万人を超えるという状況、こういう状況もあって、そんなことに興味を抱いて日本に来られたのかとも思いましたが、いかがでしょうか。

セルス　先ほど申し上げませんでしたが、インドシナ難民についての調査では失業問題にも目を向けました。私たちが気づいたことの1つに、最近の経済危機によって彼らの多くが失業したことがあります。こうした状況を憂慮しています。なぜなら、彼らが日本の社会に溶け込むこと、成功することがとても困難になるからです。

（2009年6月3日、「聖学院大学政治経済学科春の講演会2009」
於　聖学院大学チャペル）

すべての人々に食べ物を

——フードバンクの挑戦

チャールズ・E・マクジルトン

セカンドハーベストとは、「2度目の収穫」という意味です。1度目の収穫（通常の市場）からもれてしまったもの、だけどまだ充分に安全に食べられる食品を2度目に収穫し、捨てられてしまうかもしれなかった食品に命を与えようという意味です。

（セカンドバーベスト・ジャパンＨＰ「セカンドハーベストの歴史」より）

日本は不思議な国です。食べきれずに食料を捨てる人がたくさんいます。その陰で、その日の食事にも事欠く人々がいます。飽食の国日本で、皆さんの想像を絶する数の人々が飢えと無縁ではない毎日を送っています。

毎日、食事もできないで困っている人たちにどうかかわったらよいのか。今日は私の取り組みをお話ししたいと思います。

私の活動のはじまり

私は、１９９１年に来日したときには、カトリックの修道院で生活しようと思っていたのです。来日する前にある神父さんに、できれば日本の修道院をどこか紹介してくださいと手紙を出しました。実際に紹介された場所は、山谷《さんや》でした。

皆さんは知っているでしょうか。知らない人が多いかもしれませんね。山谷は東京にある地域です。「寄せ場」という言葉がありますが、そこは労働者やホームレスたちが一緒に生活しているところです。今は大分変わりましたが、１９９１年はそういう雰囲気が結構ありました。日本語で言ってみれば「味がある」ところです。

その山谷で、私はいろいろな炊き出し団体に参加しました。労働組合の炊き出し団体もありましたし、宗教団体の炊き出しもありました。多くの食事のできない人々に給食する仕事をしました。その時、私のいだいた疑問は、ただ物をあげるだけだと何も変わらないのではないか、ということでした。

私は日本語を勉強し、少し上達したときに思いました。お年寄りの人が、私を「先輩」、「先生」と呼ぶのです。当時、私は20代でした。何で40代、50代、60代の人が私に対して「先生」と言い、敬語を使うのか、おかしいではないかと思いました。何で人間関係が変わってしまうのか、と。私は、与える側の人間と見られていたということです。

私はホームレスの人たちに何ができるか、いろいろ考えて、自立センターをつくろうと決定しました。センターでは、ご本人が自己責任をとって自分の次のことをやり始めるために、いろいろな「道具」や「設備」を用意し、貸します。まず就職するためには必ず住所、連絡先が必要です。またシャワーが浴びられないと、面接に行くのもちょっと難しいのではないかと、シャワールームやロッカーを用意しました。この自助センターをつくろうと決定して、いろいろな活動をしました。しばらくして、私自身に疑問が出てきました。頭の中でホームレスの問題はよく理解していましたけれども、ホームレスの人々の心がわからないと考えるようになりました。

そこで私は、1997年1月から隅田川沿いにブルーシートを張り、路上生活を始めました。最初の予定は3カ月、復活祭までやろうと決めました。実際には1年3カ月になりました。この経験のおかげで私の人生は大分変わりました。今、私は仕事を通して、相手を助ける、手を差し伸べるという気持ちはありません。それが目的ではないのです。後ほど説明しますが、その経験のおかげで私は大分変わりました。

私の責任ですることは何か

路上生活をしている多くの人が、自己責任をとって今後どうするのかをよく考えています。そういう人たちは怠け者ではないですね。みんな、人生の中で、一生懸命頑張ってきました。私も路上生活をしてわかったことの1つは、貧困というか飢餓について頭の中で考えていても、毎日ぶつかる問題にどう対処するのかは別の問題だということでした。つまり、私の隣の人が食べ物がない、あるいは別の人が食べ物がないというとき、私はどうするのか。毎日、毎晩そういう問題にぶつかったのです。

もちろん1つの方法は食べ物をあげるということがあります。そのとき私は食べ物をあげることを選択したときに、人間関係がどういうふうになるのかと考えました。食べ物をあげないとちょっと悪いなという気持ちが残ります。しかしそれは私の問題です。考える途中でこういうことに気づいてきました。私がこの問題に対しての責任者ではないと。

60年代、70年代にアメリカとヨーロッパでこういう表現がありました。「もしあなたが解決しようとしなければ、あなたは問題である」(If you're not part of the solution, you're part of the problem)」と。アメリカ人やヨーロッパ人の多くが、たとえばアフガン問題に対して、とくにアフガニスタンの地雷のことに対して責任を感じています。私は解決のために何かをやるべきではないかと。またインドを観光したときにスラムを見て、やっぱり貧しさを放置しおいてはいけないのではないか、自分が何かをしなければならないのではないか、と考える。

私は、それは違う、私はそれらの問題の責任者ではないと思います。これらの問題は少なくとも、私がつくったのではないからです。ただし、私はまったく何もしないということではありません。別の「レスポンス」(対応、取り組み)があるだろうと考えています。

もし私がこれらの問題の責任者でなければ、私は何者でしょうか。だんだん気づいてきました。だから責任者ではないとしても、私はひとりの社会人として、どんな社会に住みたいのか、どんな世界に住みたいのかと考えます。このような社会に住みたい、このような世界を自分の娘に与えたいと考える。だれもが食事をできるようにという立場に立って、問題への「レスポンス」を考えました。食べ物を必要としている人については、だれの責任かを考えません。ただ必要としている人たちに食べ物を提供しています。ある意味、わがままです。気楽にやっています。

具体的に例を挙げましょう。数年前、私はシアトルにいる弟を訪ね、ある貧しい人が住んでいる地域を一緒に通ったときに、30代、あるいは40代ぐらいの男の人が「すみません。1ドル、5ドルでもいい、ありますか。お金ちょうだい」と言うのです。私は考えずにこう言いました。「いや、私はパスします。私に尋ねてくださったことはありがたいことですが」と言いました。弟は、私がパスと言うから、「おまえは何を言っているのか」と驚きます。

アメリカ人は、こういう場合、大体「ごめんなさい。ちょっとお金がない」と言うのではないでしょうか。あるいは「いつかあげよう、いまはない」と言います。この場合、あげないことで心にはちょっと罪悪感が残っています。私には全然何も残っていない。私はこの相手の問題に対して責任者ではない。相手に頼まれて、私はパスしますと答えるだけです。不適切な責任感は何も変えません。あまりの問題の大きさに何をしてよいかわからなくなってしまいます。そこで私は、ひとりの社会人として問題にどのように「レスポンス」できるかを考えるようにしました。

私たち「セカンドハーベスト・ジャパン」では、「道具」をさしあげるのではない。相手に貸してあげる、と考えています。道具を貸してあげるという感覚でやっています。ご本人が次に何をするか、しないのか、ご本人の問題だと気づいてきました。これは後ほどもっと詳しくお話ししましょう。

日本の貧困の実際

まず日本の貧困をお話しします。日本の貧困ってなんのことかと思われるかもしれませんね。これは２００９年厚生労働省発表の数字です。日本の貧困率（相対的貧困率）は15・７％。つまり大体日本の人口の２０００万人が貧困生活をしています。でも多分、みんなの多くの印象では、それはすべてホームレスではないかと思っているでしょう。つまり、メディアでよく貧困問題について出るときに、必ず派遣村、炊き出しの風景をやっているからです。それはうそです。それは絶対うそです。貧困生活者がホームレスではない。ホームレス人口は全国で2万人、ないし2万5千人と言われています。

もっと別の話で言うと、私たち、「セカンドハーベスト・ジャパン」の調査（２０１１年）では、日本では大体78万人以上が安全な食料の確保ができていない。別の言い方をすれば「フードセキュリティ」がないと言えます。食料がないことによる餓死、飢餓、などのことばがありますが、それらとは意味が違います。

国連食糧農業機関（ＦＡＯ）のフードセキュリティの定義があります。「すべての人が健康で豊かな日常生活を送るために、必要な栄養と嗜好を満たす、安全で栄養のある食べ物を、いつでも十分な量をえることができること」です。

またアメリカ農務省（ＵＳＤＡ）は、フードセキュリティのある世帯とは「家族全員が安全で栄養のある食べ物を得られる。また食べ物を適切な手段により得られること」と定義しています。ちょっとかたい定義です。

ここで2つの例を挙げたいのです。

まずワタナベさんの話です。ワタナベさんは路上生活をして毎日、一生懸命ダンボールを集めています。一生懸命、頑張っていますね。けれども、２００８年2月24日に亡くなりました。凍死してしまいました。栄養不足もあったと思います。ワタナベさんが役所に行って「すみません、おなかの中に何も入っていない」と言えば、乾パンでも何かもらえるかもしれない。でもワタナベさんは行かなかった。フードセキュリティの定義によれば、ワタナベさんは以前から「栄養のある食べものを得る」という意味で、フードセキュリティを欠いていた。また本人はよくごみ箱から物を拾って食べて、それで何とか生活できると言っていました。その場合も「適切な手段で食べ物を得られること」という意味では、フードセキュリティは低いということでしょう。

ワタナベさんをよく知らないときには、私は一方的に食べ物をあげていました。こんなやりとりがありました。

チャールズ　どうも。
ワタナベ　はい。
チャールズ　からだはどうですか。
ワタナベ　……。
チャールズ　食べ物はありますか?
ワタナベ　……。
チャールズ　食べてくださいね……。

在りし日のワタナベさん

食べ物を受け取らない。それがワタナベさんでした。それでも彼は毎晩何か食べていました。ワタナベさんはフードセキュリティに欠けていました。

もうひとり、あるお母さんの話です。2年前にひとりのお母さんから電話がかかってきました。2人の子どもたち（6歳と3歳）がいました。食べ盛りのお子さんに「ごめんなさい。一食がまんして」と話しているそうです。子どもたちに食べさせるだけの食べ物がない、なおかつお母さんの分もないという状態でした。

実際に私たちの調査では、78万人の中で、第1は母子家庭で、44％が困っています。第2が高齢者36％。第3が外国人で17％。ホームレスはたった3％です。この数字にだれが入ってないかというと、貧困生活をしている夫婦やフリーターです。

もうちょっと詳しい説明をしましょう。78万人の中の44％、約34万人が母子家庭です。日本の母子家庭３４０万人の中で仮に10％として、34万人。平均貧困率は15％ですが、実際の母子家庭の子どもたちの貧困率は67％。つまり、間違いなく34万人以上はいるはずです。

では、次は同じような計算の仕方で第3位の

寄付された食料品

外国人が17%で、約13万人。恐ろしい数字は高齢者です。36%で28万人。実際の貧困率は22%。高齢人口２８００万人の仮に10%としても、２８０万人が「フードセキュリティ」に欠けているという状況です。ありえないと思っているでしょうが、でも実際にあります。

日本に食べ物がないわけではないのです。この写真に写っているのはすべて寄付された食べ物です。世界での食料援助総量は６５０万トン。同時に毎年、日本のみで１００万トンから５００万トン、まったく問題のない食べ物が無駄に廃棄されているのです。それは売れ残りのお弁当やサンドイッチではなく、ごらんのとおり、野菜、果物、肉、缶詰などです。お米も廃棄されています。

一方で食べ物がなく、飢えている人々がいます。他方で、食べ物が廃棄されていっている現実があります。その現実をどうしたらよいのか。もちろん、このような現実をもたらしている原因や責任を解明することもあるでしょう。しかし私たちの言い方で言うと、この現実に「レスポンス」（反応、解決）することを考えたいのです。解決というとちょっと誤解されるかもしれませんが、食べ物を提供しても、ご本人の生活の問題、お金の問題については解決しないからです。でもご本人が次に進むために、いま食べ物がなければ何もできないという事実があります。

「セカンドハーベスト・ジャパン」の活動

そこで私が何人かの方々と日本で始めたのが、余って捨てられている食品を食べ物のない人々に配布する「フードバンク」という活動です。包装の傷みなどで、品質に問題がないにもかかわらず市場で流通できなくなった食品があります。それを企業から寄付として受け取り生活困窮者などに配給する活動です。

この「フードバンク」の歴史は、１９６７年にアメリカのアリゾナで、ジョン・ヴァンヘンゲルという人により始まりました。「余っている食べ物を銀行のように倉庫に集め、必要な人々に配る」ことから「フードバンク」と名付けられました。私たちは２０００年に日本にこの活動を紹介しました。２００２年に特定非営利活動法人となり「フードボート（Food Bank Japan）」として活動を開始し、２００４年に、現在の「セカンドハーベスト・ジャパン」と名前を変えました。いったん収穫した畑から2度目の収穫を得るという『旧約聖書』ルツ記の言葉です。

私たちスタッフは11人で、毎週大体60~70人のボランティアが一緒に活動しています。車は4台持っています。４トン車と冷凍車、２トンのバンと、１・５トンの配送車です。

私は２００２年から、北海道、東北、関東、沖縄まで全国を回りました。私は毎週、関東近辺で大体60～70カ所を回っています。そして月２回、４トン車で愛知県、あるいは、仙台を回ってきます。そして年じゅう運送会社に頼んで全国に送ります。

セカンドハーベストの４つの活動

簡単に言うと、セカンドハーベストには４つの活動があります。第１はハーベストキッチン（炊き出し）、第２はハーベストパントリー（宅急便で食品を配送）、第３はフードバンキング活動（寄付された食料を再分配）、第４に政策提言。これからそれぞれを紹介します。

第１の活動はハーベストキッチン。私たちは毎週土曜日、事務所で７００～８００人分ぐらいの食事を準備して上野公園で配ります。

第２の活動はハーベストパントリー。先ほど紹介した毎日の食事にありつけない人々の数字をもう１回思い出してください。もし貧困生活をしている家庭があれば、その人たちは、今日、いまどこに食べ物をとりに行けるのか、という課題があります。もちろん教会に行って牧師さんや神父さんからいただけるかもしれない。役所に行って乾パンとかカップラーメンをいただけるかもしれない。でも日常の食べ物に困っている母子家庭などに定期的に食料を届けるフードセーフティネットは日本にはありません。このセーフティネットをつくるために、私たちはこの活動をしています。

私たちは午前中、週6回、アメリカ生まれのスーパー「コストコ」や西友といった店に行ってパンなど、食料を引き取って、いったん事務所に帰ります。事務所で食料を整理して送付する箱に入れます。その箱を最後に宅急便で家庭まで送ります。

私たちは15団体、また教会と連携して送っています。まず、これらの団体から食料を送る当事者の名前を紹介されます。事務所からご本人に連絡して住所と連絡先を確認します。とくに外国人で食べてはいけない食べ物があれば聞き出します。宗教によ

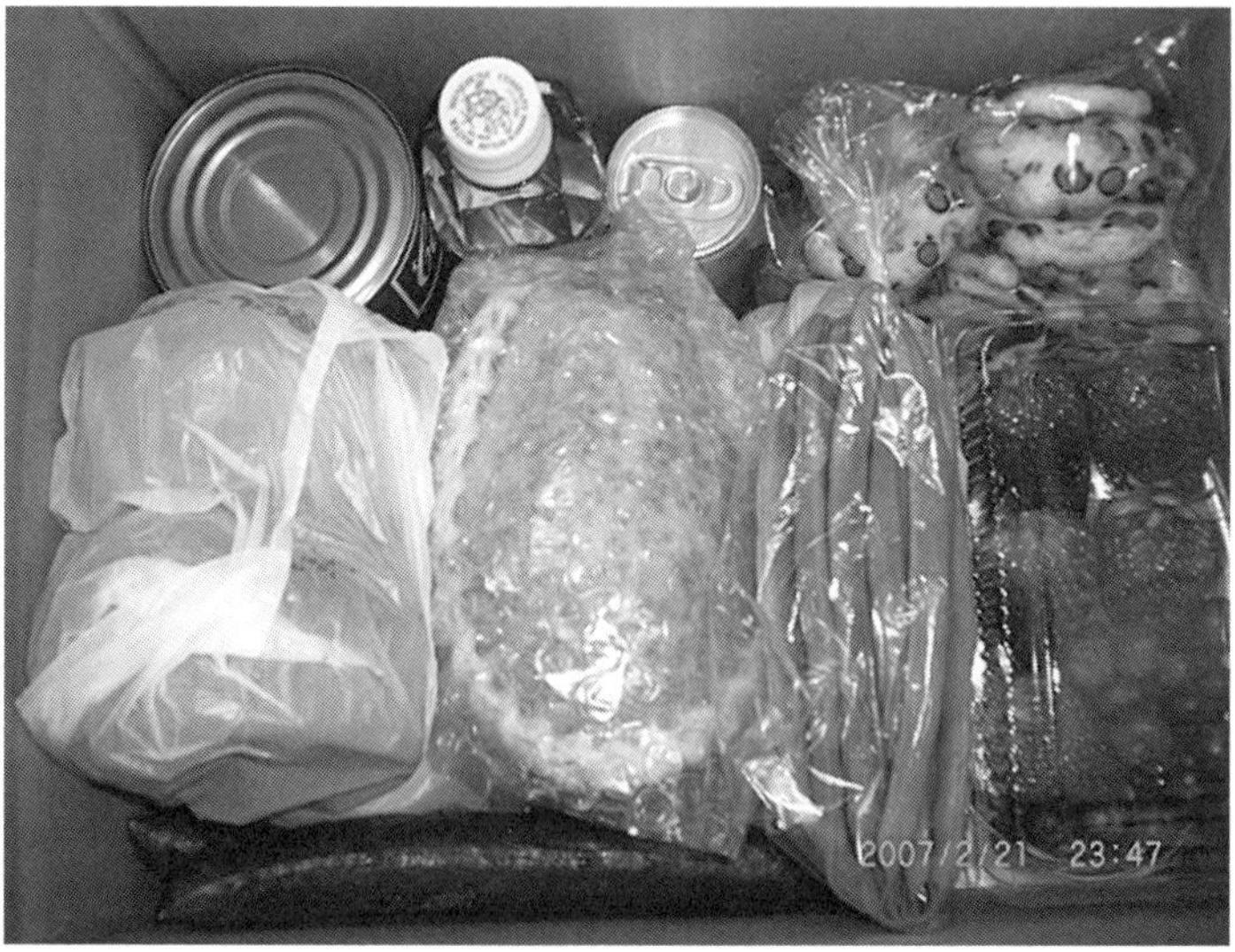

配送される食料品

って、豚肉、牛肉は食べてはいけないケースがあります。これらの事項をすべて整理してこのプログラムを説明し、食料を送ります。２０１０年は毎日、だいたい３００カ所に届けています。

食料を送る応援期間は3カ月です。つまり緊急の応援と私たちは理解しています。そして月2回、写真のような箱を送ります。この箱の中身は見たとおりに、野菜、果物、パン、めん類、缶詰、お米などです。3カ月過ぎて継続する必要があれば、セカンドハーベスト・ジャパン事務所に問い合わせをしてもらいます。そうすれば月2回、食べ物を送ることができます。また私たちは、定期的に教会、施設、団体にそれぞれ少し食料を備蓄して保管してもらうことを提案しています。そして当事者が直接取りに行けば、事務所から送料をかけて送る必要がなくなります。継続して支援する場合は、これが一番いい方法だと思います。

第3の活動はフードバンク。フードバンキングのキャッチフレーズは、「もったいないから　ありがとうへ」です。つまり、「まだ食べられるのに捨てられてしまうもったいない食品を必要としている人に届けて『ありがとう』という気持ちに変える」ということです。

大切なポイントが4つあると思います。1つ目は無償であることです。つまり私たちは

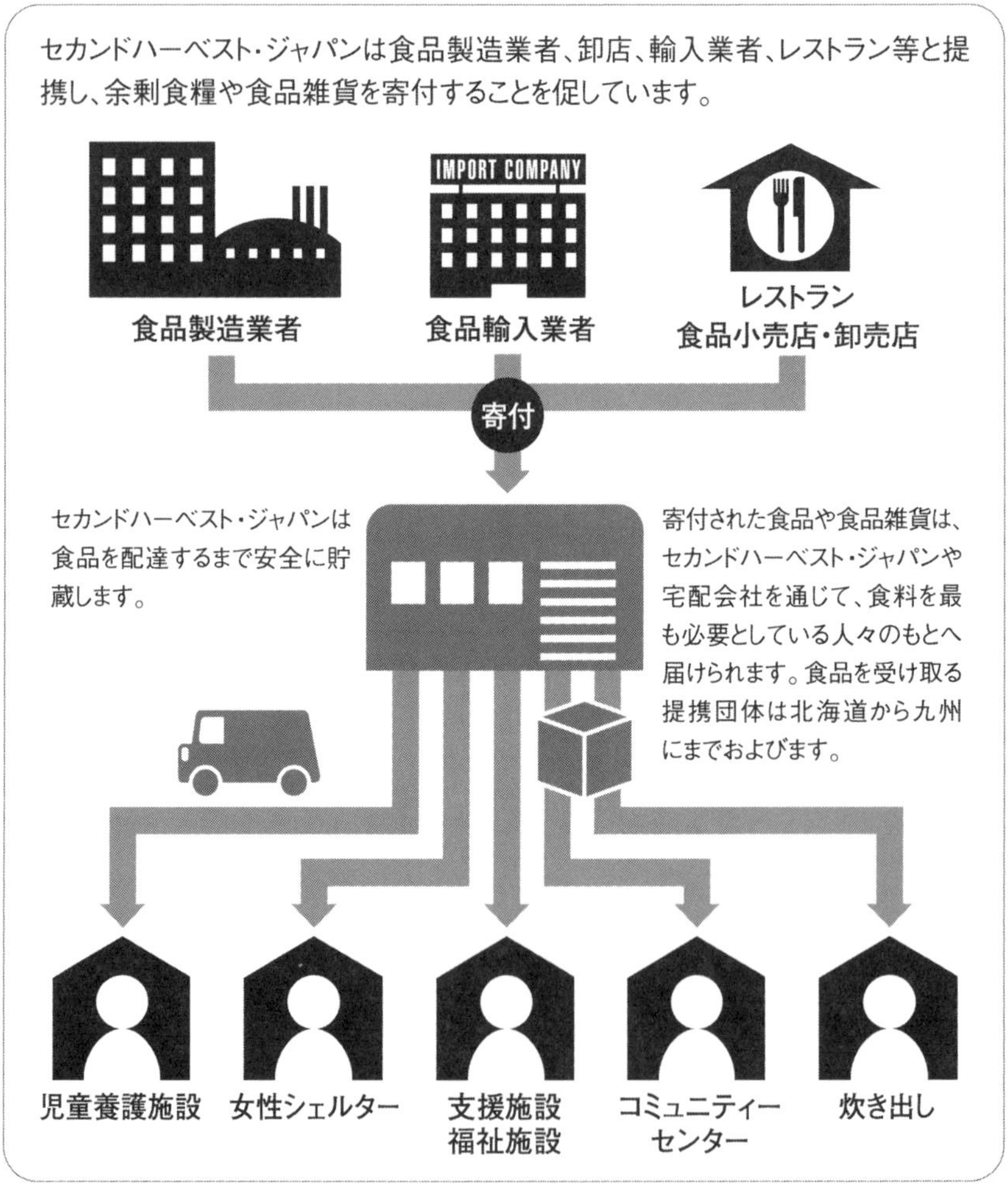

セカンドハーベスト・ジャパンは食品製造業者、卸店、輸入業者、レストラン等と提携し、余剰食糧や食品雑貨を寄付することを促しています。
IMPORT COMPANY
食品製造業者
食品輸入業者
レストラン
食品小売店・卸売店
寄付
セカンドハーベスト・ジャパンは食品を配達するまで安全に貯蔵します。
寄付された食品や食品雑貨は、セカンドハーベスト・ジャパンや宅配会社を通じて、食料を最も必要としている人々のもとへ届けられます。食品を受け取る提携団体は北海道から九州にまでおよびます。
児童養護施設
女性シェルター
支援施設
福祉施設
コミュニティーセンター
炊き出し

図　フードバンク活動の流れ

無償でいただいて無償で配ります。だから最初、このフードバンクをつくったときに、私がいろいろな施設に行って、これから無償で食べ物を配りたいと話したときに、施設のほうは「ありえない」と言うんです（笑）。

「何で、無償で配ることができるのか。後で請求書を出すんじゃないか」

「いや、そうじゃないよ」

「じゃあ、何で、無償で食べられるいいものを配ることができるのか。やっぱり食べ物のほうに問題があるのではないか」

「いや、何もない」

「いや、それはありえない」

このようなやりとりになりました。そこで私は食べ物を持って行って見せて、「どうぞ、好きな分をとってください」というと、やっと「ああ、なるほど」と納得してくれる。

２つ目の大切なポイントは選択制です。私たちは、まず企業が寄付する食品を選択します。どのような食品がどれくらいの分量あり、賞味期限はどれくらいあるのか、など品質を確認したうえで受け入れる量を決めます。また受ける側も選択します。高齢者施設にはどの食品、児童養護施設にはこの食品がよいだろうと選択します。私たちは食品を扱う企業と食品の分配先を結びつける調整をします。

３つ目の大切なポイントは食品ロスの削減システムです。物を捨てるというのは結構もったいない。また捨てるだけでは環境破壊の問題があります。このシステムを通じて食べ物をもう１回使える、そういうチャンスが出てきます。

４つ目のポイントは新しい社会福祉の提供システムを目指していることです。「セカンドハーベスト」はＮＰＯ法人です。つまり、１つの柱としては非営利性があります。つまり、福祉も入っています。また運営のためのもう１つの柱として営利性が入っています。つまり私と企業とがかかわってきます。この活動には、この両方が入っています。今は大体６５０社がかかわっていますが、だんだん日本にこの新しい社会福祉提供システムをつくろうという意識が出てきました。

セカンドハーベストの扱う食品の中で「味噌」を例にすると、賞味期限の切れた10トンの味噌を廃棄するためには、大体１０００万円かかります。でもセカンドハーベストに寄付すれば、企業はその廃棄の費用を節約できます。２０１０年で約８２００万円、企業側は節約できました。同時にその食べ物の金額があります。価値があります。セカンドハーベスト・ジャパンは２０１０年で大体８２０トン配りました。金額にすると9億円以上ありました。この金額分、施設は運営費を節約できたことになります。

第４の活動は政策提言。第１に、私はいくつか勉強会をつくりました。フードアドバイザリー・ボードと、プロフェッショナルアドバイザリー・ボードです。フードアドバイザリーのほうは食品会社の代表者が大体月2回集まって、このシステムを拡大するために食品会社の理解を得るには何が必要なのか討論します。プロフェッショナルアドバイザリーのほうは外資系のメンバーが参加して、ビジネス用にどうやってセカンドハーベストを育てていくのかと。

第2に、企業、自治体に向けて政策提言をします。今日のように講演もします。つまりセカンドハーベスト・ジャパンが何をしようとしているか、どのような利益があるか、どのような協力を求めているかを多くの方々に知っていただくこと、つまり啓蒙活動です。私は、これまでに2回、ピースボートに乗りました。２００８年と２００９年と全国を回り、それぞれの地域でこのシステムについて講演しました。

「セカンドハーベスト」が企業に与える4つの利益

「セカンドハーベスト」によって企業には4つの利益が与えられます。

第1は、廃棄のコスト。第2、社員は捨てるともったいないと罪悪感を持っています。でもセカンドハーベストのフードバンクに寄付すると、自分がつくった食べ物がだれかのところに届けられて活用されるとわかって安心できる。捨てるとごみ箱に行ってもう終わってしまう。でも寄付すれば今日は奉仕支援団体だというから、老人ホーム、児童施設のどこを回って生かされているのかを社員は考えます。第3はＣＳＲ、社会貢献もできます。第4はフリーマーケティング（試供品として）もチャンスがあります。それは結構おもしろい。ちょっと説明します。

数年前、カリフォルニア・レーズン協会から4トンのレーズンがありますと連絡が入りました。ちょっと困りました。1種類で大量なのでどうするのかと考えました。このレーズンがなぜ余ってしまったかを尋ねました。すると、「応募キャンペーンをした。レーズンの袋に応募シールが貼ってあって、そのシールをはがして応募すると何か景品をもらえる。Ａコース、Ｂコース、Ｃコースとあった。ただし、残念ながらそのシールの粘着力が強かったのです。剥がれない。4件のクレームがあって、じゃあ販売はやめましょうとなりました。それで商品にならなくなった」という説明でした。レーズンのほうにまったく問題がないでしょう。ただし在庫はどうするのか。セカンドハーベストに寄付されましたので私は再分配しました。

カリフォルニア・レーズン協会は、一般市場としてスーパー、コンビニに商品を出しています。でもセカンドハーベストを通して、第2市場にも出すことができました。つまり、福祉団体、施設です。日本の広い市場でだれかがカリフォルニア・レーズンを食べて、美味しいということになる。それはフリーマーケティング（試供品）となって消費者を増やしたと考えられるのです。

「セカンドハーベスト」の活動を継続させるポイント

次に「セカンドハーベスト」の活動が20年近く継続できた理由を6点に分けて紹介したいと思います。

1　信頼関係・平等な関係が基礎

まず、第1のポイントは信頼関係・平等な関係の構築です。NPO法人の場合です。どのような活動・団体でもいいと思いますが、明確な価値観を持っていることです。私が2001年にビジネスプランをつくったときに、メンバーに問いかけました、この団体の価値観は何でしょうか、と。そのときはまだ、私たちの価値観がなぜ大切なのかよくわかりませんでした。今は十分わかってきました。

私たちの場合、第1は信頼関係です。私と食品会社の間の信頼関係。また私と食料の配布先である施設と団体の間の信頼関係です。私たちは信頼関係をつくれない限り何もできません。

信頼関係をつくるためにはいくつかの方法があります。1つは同意書を交わします。契約書みたいなものですが同意書と呼びます。その同意書の中身は基本的に6項目あります。第1に会社側は品質を保証します。つまり私たちは賞味期限が切れたものは受け取れない。また会社が保証できなければ私たちは受け取れない。第2に、無料で受け取ったものを転売しない。どんな形であっても私たちは転売しない。第3に万が一事故があればだれが責任をとるのか。関係者が調べて責任を明記しましょうということです。基本的にはこの3つがあります。

そして、平等な関係。ある会社が同意書を交わすときに言葉を変えました。別にそれは構いません。でも問題は、会社が上で私たちが下ということでした。私たちは「ごめんなさい、納得できない」と言いました。2年間交渉して、やっと納得のいく言葉が見つかりました。

セカンドハーベストは会社に行って「すみません、食べ物はありますか。寄付できますか」とやったことが一度もない。もう一度言います。セカンドハーベストは一度も会社に行って「すみません、寄付できますか。在庫ありますか」とやったことはない。それは資金を含めて、一度も私は会社に行って「助成金出せますか。私を応援できますか」とやったことはない。

別に私はプライドを持っているわけではなく、私たちの考えは、まず信頼関係、平等関係をつくらない限り何もやらないということです。信頼関係、平等関係があってこそ自然に物が入ってきます。だから最初に交渉するときに必ず私はこういう言い方をします。

「すみません。御社の商品より、私たちは長い関係を望みます」

「え、うちの商品は要らないんですか」

「いや、そういう意味ではありません。優先されるのは私たちの関係です」

もし私が会社に行って「すみません、お願いします」と言うと、会社側も提供するときに同じ感覚でやってしまいます。あなたのために私は資金を使っています、あなたのために私は融資をやっていますと。「あなたのために」は、あまりよくないと私はそう思っています。ただ、「物が余って捨てるほかない」「いや、それは使えます」ということでマッチングをすると、平等な関係で、問題が解決できる。これが無条件に結構楽しい。

つまり、相互利益の関係。もちろん企業は廃棄の費用を節約できます。それはよかった。でもそれ以上のことがあれば私たちは協力したい。つまりもう一度その資源が活かされる。セカンドハーベストの世界です。

冷凍食品のニチレイとは数年前に関係をつくっていましたが、２００７年スタートのグループの物流会社も加わったプロジェクトを一緒にやりました。まず企業としてニチレイは社会貢献をやりたいのです。でも施設のほうとの関係はとくに持っていない。私たちは持っています。じゃあ一緒にやりましょうとなりました。企業も社会貢献になる、施設は食料を受け取ることができる。お互いに助かるという相互利益が生まれます。相互利益がなければ継続しません。

2　失敗を恐れず、前向きに

第2のポイントは前向きであるということ。失敗を恐れない。私の言葉でいえば、「とりあえずやってみよう。失敗であればもう1回学んでやりましょう」ということです。もちろん私も失敗したくないです。失敗はあまり好きではないです。失敗しても、じゃあしようがない、学びましょう。ここが大切なポイントです。

次は、新しいことを提案しないと企業はわからないということです。つまりビジネスの世界はＮＰＯ法人に対して偏見を持っています。「ＮＰＯ法人、つまりボランティアは楽しんでいる、しかし、しっかりやってない」というイメージを持っています。

私たちの活動は、ビジネスと福祉の2つの面を持っています。企業を相手にするときに私は商談としてしっかり交渉します。信頼関係、相互利益が生まれないようであれば、ごめんなさいとはっきりお断りします。

先週は大きなメディアが私を取材したいと申し込んできましたが、お断りしました。なぜかというと、「そのメディアとは、信頼関係もない、平等関係も何もない。ごめんなさい」とお断りしました。

ある会社が私たちの活動の協力企業になってくださいました。その会社の担当者の方が、「セカンドハーベスト・ジャパンは他のＮＰＯと違う。何か違う雰囲気、違うスタンス」だとおっしゃいました。私は、それはよかったと思います。

私は、企業にとっては、予想外のこと、新しい視点を提案します。たとえば会社が今までは廃棄してきた食品を再活用しようというのですから。私たちがこのセカンドハーベストというシステムを提案しても、会社側はやっぱり決定が遅い（笑）。遅いとともに、難しいという反応がでる。「前例がない」、「会社にとって危険ではないか」と。つまり「ノー」という言葉です。では次の会社に提案するときに、今まで１００社が「ノー」と言っても、また「難しい」と言っても、次の会社は「イエス」と言うかもしれない。イエスを期待して、新しい考えで前向きにビジネスをやってみようという政策提言をするのです。

最後に、会社とＮＰＯ法人と私がかかわって、「ああ、何かセカンドハーベストは違う、新しいことに挑戦してみよう」ということを言ってくれれば、私たちもうれしいです。

3　無知の知

第3のポイントは無知を知る。知らないことは、専門家、経験のある人に聞くこと。

NPO法人になったときに、私はもう1回、上智大学の大学院に行きました。このセカンドハーベスト、フードバンキング、またこの非営利の団体の中で働くために何が必要なのかをもう1回勉強したいと思いました。そのときに日本とアメリカのフードバンクの活動を比較し研究しました。日本とアメリカでは、企業の社会貢献の考え方、ボランティアの考え方など大きな違いがあることがわかりました。

また2004年にプロフェッショナルアドバイザーによる勉強会をつくりました。それは私にはビジネスの経験がないからです。アメリカでも日本でもビジネスマンの経験はないです。だから教えてください。どうやってこのシステムをビジネス用に育てていくのか。同じように2007年にフードアドバイザーによる勉強会もつくりました。食品会社の世界でたくさんの知らないことがあります。教えてくださいと。

活動を継続し、広げていくために一番大切なことは才能ある人材を探すことです。セカンドハーベストのスタッフは頭がいい人が多いです。また時々ちょっと鈍感です。だから何も知らないので、経験のある人、知識を持っている人を探してどんどん教えてくださいとお願いする。このように人材を探し、養成していくことが不可欠です。よい人材に投資をすること。人材はお金より大切なものです。

4　情熱を持って

第4のポイントは情熱を持って仕事をする。経験＋価値観＋ビジョン＋情熱。自分はどんな価値観を持っているのか。もちろん人生の間に価値観もだんだん変化するかもしれない。それはいいです。いろいろな経験をしてこういう価値観が大切なものだと変わってくるかもしれません。でも自分の人生のためにどんなビジョンを持っているのか。それらを合わせるとそれは情熱だと思います。

もう1つ、価値観とビジョンに基づいて、行動すれば情熱が生まれる。私が墨田川の川沿いで生活したとき、結構寒いことがわかった。水は、ほかの路上生活者がやっているように近くの公園に行ってくんで持って帰りました。ほかにもいろいろな不安を持っていました。その時、ほかの人から、そんな生活をしてばかではないか、1回しかない人生のチャンスを何にかけるのか、やり過ぎではないか、と言われました。でも同時にすごくうれしかった。

なぜかというと、私のビジョン、価値観でやっていることだからです。つまり、できるだけ路上生活者たちと一緒に生活したい、一度この世界に入りたいということを願っていたからです。路上生活者の立場からどういうふうに世界が見えるのか知りたい、彼らの心を知りたいと思い、やってみました。だから実際にやってみてすごくうれしかった。今でも私に来る仕事に対して、私は自分の価値観とビジョンによって生まれる情熱を持って毎日取り組んでいます。

5　お金を払ってまでしたい仕事をする

お金はあとからついてきます。つまり、まず仕事をやってください。私は２００８年まで無償で仕事をやりました。別に偉い人間ではないです。いろいろな人が同じことをやっていますが、言いたいことを言うと、まずこういう仕事をしたい、こういうシステムをつくりたい、こういうビジョンを実施したいということがあります。そのために週１回、生活費のために仕事をしました。それ以外の活動は全部セカンドハーベストでやりました。今は収入をセカンドハーベストから得ています。仕事をする上で一番大切なポイントは、まず自分が何をしたいのかです。

6　ゴールよりプロセス

６番目、ゴールよりプロセス。私がやりたいことは、最初に言ったように、人を助けるというより、うまくみんなでやりたいということです。つまり私の目的は、フードセキュリティのない人を助けるのではなく、フードバンク・システムをつくりたいということです。もちろん結果的に何人が助けられるかということがわかってきます。でもそれが目的ではない。ただフードバンクは楽しんでやっています。一方に処分しなければならない食べ物を持っている会社があります。他方に食料が不足している人々、財政的に困っている施設がある。その両者をマッチングすると結構おもしろい。人を変えるために新しい関係をつくるのです。

隅田川で経験したことからだんだんいろいろなことがわかってきました。ある日、7時ごろまで寝ていたときに、ドンドンとブルーシートのドアをあけて、おにぎりが投げ入れられました。だれかと見ると去っていく人影があった。おにぎりを見て、「何これ」と、びっくりしました。仲間に聞いてみると、だれかがみんなに善意をくれたと。おにぎり1つ、1個だけ。これ何だ、あんた失礼じゃないですか、と思いました。やっている人の立場ではいろいろとあって、本人はいいことをやりたいと思ったのでしょう。そうでしょう。いいことをやりたい。本人の立場で、仕事に行く前に一度おにぎりを配りましょうと。でも受け入れ側は違うということがわかってきました。

つまり私たちが最初に相手を助けるときに、最初のメッセージは「あなたはだめ、あなたは完璧ではない。だから何かしてあげる」というものではないでしょうか。たとえば、だれかが「チャールズ、あなたは知らないかもしれないけど、ハゲ。ハゲはあまりよくないよ。じゃあかつらを買ってあげましょうか」と言ったとします。もう失礼ですよ、私は自分ではカッコいいと思います。せっかくこうやって。（笑）

もちろん私を助けたいのですから、それは間違った行動でも悪い行動でもない。でも援助を受ける側には、最初のメッセージ、「あなたは完璧ではない。路上生活はよくない。あなたの生活はよくない」と、聞こえてきます。何でこういう生活をしているのか。食べ物をあげましょうと言われることは、ワタナベさん本人は失礼と思っているのでしょう。「一生懸命自分で生きようと頑張っているのに、失礼だ。援助はいらない」ということだと思います。

私たちがセカンドハーベストとして奉仕支援団体や自立施設を訪ねたときに、こんな世界があると知らなかった、一生懸命頑張っているということがわかってすごくうれしいと思うことがあります。一方企業というものは、人間的ではないと思っています。人間を大切にしないものだと思うことがあります。けれども、企業にも関心がある人はいるよって、わかってきました。そのつながり、関係をつくるときがすごくうれしい。

そして、受益者からの「ありがとう」もうれしいのですが、スタッフとボランティアが満足することが大事です。セカンドハーベストが優先するのはスタッフとボランティアです。スタッフとボランティアが満足すればうまく仕事を進めてくれます。結果、受け入れ側は満足します。もちろん「ありがとう」を聞くとうれしい。でも聞けなくてもこういう仕事をやっています。だけど私が受益者から直接「ありがとう」と聞く機会はあまりありません。

活動の優先順位について

次は活動の優先順位についてお話しします。

1　経験を積む

活動資金を増やそうとする前に、まず経験を積むことです。

ＮＰＯ法人が最初に直面するのは、活動資金をどうするのか、事務所の家賃をどうするのか、専従者の賃金をどうするのか、生活費をどうするのかといった問題です。皆さんに申し上げたいのは、まず経験を積んでくださいということです。まずやってみてください。

私はまず行動しました。その後だんだん何が本当の課題であるかがわかってきました。

最初の資金が少しありましたので、どのように活動したらよいのか、手探りで進めました。まず、どうぞ使ってくださいということから始めました。

　まず行動してみることです。私たちもどこまで行けるのか、わかりませんでした。10年前、8年前、5年前とそれぞれの時点でわからなかった。活動を開始してからちょうど10年後、11人のスタッフがいますが、10年前はまったく考えられませんでした。どうやって活動を続けられるのかということで必死でした。でも、まず、自分の範囲で活動を始めました。

2　活動の見直しを恐れない

次のポイントは、見直しを恐れないこと。

活動を始めたとき、毎日のようにいろいろな誤解というか問題にぶつかりました。そのとき、私たちは何をやっているのかと考えました。そのとき、もう一度活動を始めたときのことを振り返り、見直しました。すると長期間の経過を見て、ああこういうことだったのかとわかる。

　個人の場合、自分の考えをリフレッシュする必要が出てきます。私は時々東京タワーとか高い建物へ東京の様子を見に行きました。東京でフードバンクといえば私たちだけだ、こんなに広い東京でフードバンクといえば私たちだけだ、と思いました。ああ、わかりました、じゃあ頑張りましょうと前向きになれました。

また、長期の視点に立つと、短期の成功を求めるより、自身の価値観のほうが大切なものであることがわかります。私たちは今までどんなに問題があっても、まず自分の価値観、ビジョンを大切にしてきました。私たちの価値観を思い出して、活動を見直し、解決したときには後悔はなかった。でも、20年の間に私たちは価値観も犠牲にしてやってみたことが、4、5回はありました。とくに企業や施設との平等関係の点です。一番大切なことは、自分の価値観を思い出して、活動を見直し、問題を解決することです。

3 人間関係が重要

最後に、どのような場面でも重要な要素の第1は人間関係です。

数年前、私たちがプロフェッショナルアドバイザリー・ボードの会議を開いたときのことです。そのとき私はある会社との関係でちょっと悩みがあり、相談しました。その会社と私があまりうまくいかなかったのです。わけがわからないのです。そうすると、ひとりのメンバーが「チャールズ、それは人間関係の問題だよ。あなたとその会社の問題ではなく、あなたとAさんの人間関係がうまくいってないんだ」とアドバイスしてくれました。

いまもこの言葉を心にとめています。

その時の問題は、社長が了解したのですが、現場の担当者が納得せず実際に物を出してくれないということでした。同じように受ける側も、責任者が受けていても、調理する方が納得いかなければうまくいかないという場合もあります。また担当者がいい人間関係でなければ引き取れないケースが多いです。やっぱり人間関係が大切なものです。

活動をするうえで、かかわる人々に対する尊敬、信頼、信用は大切なものだということです。一番重要なものはやっぱり尊敬です。尊敬ということは、自分が間違えたときに認めて反省して、ごめんなさいと言うことです。また、相手のほうの考えと私の考えと違うときでも尊重することです。違う意見と違うやり方がありますがお互いに尊重しましょう。そうであれば企業の人たち、施設の担当者、スタッフと一緒にやっていけると思います。

活動の精神

最後に2つの言葉を紹介します。1つはマーティン・ルーサー・キング牧師が1960年代によく使った言葉で、ユダヤ教の言葉です。

"If not us, then who?　If not now, then?"

「私たちでなければだれがやる。今でなければいつやる」

つまり私の団体にあてはめれば、「私が何もやらないとだれがやるのか。ほかの人に任せるより自分の範囲でやってみよう」ということです。けれど、ああわかりました、じゃあ私は学校を卒業してからやりましょう、会社を決めてからやりましょう、仕事をやめてからやりましょうと言うと、その時間は出てこない。全然出てこない。いま、できる範囲でやればどうでしょうかという意味です。

もう1つはロバート・ケネディのこういう言葉です（ロバートの葬式で弟のエドワードによって兄の言葉として語られました）。

"There are those who look at things the way they are, and ask why. I dream of things that never were, and ask why not."

「多くの人は今、目の前にある問題を見て、どうしてこんなになってしまったのかと悩みます。しかし私たちはそれよりも、今、目の前にない理想を夢見ます。こうなったらいいではないかと問いかけます」

これがセカンドハーベストの精神です。「なぜ行政がやってくれないのか。なぜ会社はかかわってくれないのか。何で民間がやってくれないのか」ではなく、私たちが力を合わせればよい社会にできるのではないか、一緒にやれば新しいことができるのではないかと考えて前向きに進みます。セカンドハーベストについてはホームページ（http://www.2hj.org）をぜひごらんください。今日はありがとうございました。

（２０１０年１月20日「政治経済学部講演会２０１０」
聖学院大学チャペルでの講演に加筆）

あとがき

本書に収められた2つの講演は、聖学院大学政治経済学部の講演会として、学生および一般に公開されたものである。本学部は、この他にもいくつもの講演会が企画されており、その多くは「シリーズ　時代を考える」（新泉社）他として刊行されているが、ここでは、外国人講演者による講演を収めた。

ヨハン・セルス氏は、国連難民高等弁務官事務所（ＵＮＨＣＲ）駐日代表である。難民問題は、日本人にとって同情の対象ではあるものの、いわば「対岸の出来事」として捉えられがちである。氏はそれを日本（人）の問題として示してくれる。一方、生活困窮者、幼児施設、福祉施設、移住労働者やＤＶ被害者などに食品を提供する活動を展開するセカンドハーベスト・ジャパン理事長チャールズ・Ｅ・マクジルトン氏は、１９８４年に初来日し、91年から山谷で暮らしながら路上生活者の支援活動に参加、さらには97年から15カ月間、隅田川沿いのブルーシートの家で生活したという強者である。第40回(平成22年度)毎日社会福祉顕彰ほか、「Social Entrepreneur of the Year（SEOY)」ファイナリスト賞なども受賞している。

この2つの講演には、ある共通点がある。難民問題は、講演者セルス氏自身にとっても、聴衆にとっても、「外国」において生じている問題である。また、マクジルトン氏は、自ら日本の「困窮者」としての生活を送り、日本の困窮者を支援する。両者は、どちらも日本を母国としない外国人として、これらの問題に対して傍観者にとどまることもできるが、しかし「傍観すること」を善しとせず、日本において具体的な「働きかけ」を展開している。

　この講演者を動かしているのは、「人間の尊厳」に対する彼らの態度である。それはまた、講演者自身の「尊厳」に基づく態度でもある。このことから示されるように講演者は、尊厳の単なる評釈者や傍観者ではなく、まさに人間の尊厳に立ち、人間の尊厳に向かう「当事者」なのである。本書において、そうした当事者による活き活きとした語り口を見て取っていただければ幸いである。

　なお、両講演のコーディネートは聖学院大学政治経済学部講師の小松﨑利明氏にお願いした。また、本書の出版のみならず講演の企画そのものについて聖学院大学出版会の山本俊明氏に、編集作業を同出版会の花岡和加子さんにお世話になった。記して感謝したい。

２０１２年３月１１日

土方　透

著者・訳者プロフィール

ヨハン・セルス　Johan Cels

国連難民高等弁務官事務所（UNHCR）駐日代表。
UNHCR 職員として、香港、イラク北部、トルコ東部、ブルガリア、スイス、エチオピア、アメリカなど世界各地で18年以上任務にあたり、2008年９月、UNHCR 駐日代表に着任。着任前は、ニューヨークにて、平和と安全担当のシニア・ポリシー・アドバイザーとして、スーダン、チャド、ソマリアに重点を置き、同時に、紛争後の復興計画と平和構築戦略を担った。また、元国連難民高等弁務官、緒方貞子氏とアマルティア・セン氏が共同議長を務めた人間の安全保障委員会でプロジェクト・リーダーを務めた。ノートルダム大学国際関係学博士号取得。

チャールズ・E・マクジルトン　Charles E. McJilton

セカンドハーベスト・ジャパン理事長。

1963年米モンタナ州生まれ。1982年海軍に入隊。1984年にアメリカ海軍横須賀基地に配属となり初来日。1991年に「東アジアの安全保障政策」を学ぶために上智大学に留学。同年から東京・山谷で炊き出し、1999年から小規模ながら現在の活動を始める。1997年１月～1998年４月には隅田川川沿いでの生活も経験。2002年３月 NPO 法人フードボート Food Bank Japan を設立（2004年、セカンドハーベスト・ジャパンに改称）。2010年「セカンドハーベスト・ジャパン」は毎日社会福祉顕彰を受賞。現在、日本におけるフードバンキングの促進者、および奉仕活動のコーディネーターとして活躍中。

小松﨑　利明　こまつざき・としあき

1974年生まれ。国際基督教大学大学院行政学研究科博士後課程博士資格候補取得退学。現在、国際基督教大学社会科学研究所助手、聖学院大学非常勤講師、放送大学非常勤講師。

専門は、国際法、平和研究。

〔主要業績〕「Peace, Justice and Reconciliation through the Protection of Human Rights： A Preliminary Note」（『聖学院大学総合研究所紀要』第47号、2010年）、トーマス・J・ショーエンバウム「日本と近隣諸国との領土および海洋をめぐる紛争の解決に向けて――問題と機会」ヴィルヘルム・M・フォッセ、下川雅嗣編『「平和・安全・共生」の理論と政策提言にむけて』（共訳、風行社、2010年）、リチャード・フォーク「平和のグランドセオリーの地平」村上陽一郎、千葉眞編『平和と和解のグランドデザイン』（共訳、風行社、2009年）。

写真撮影：石原康男

人《にん》間《げん》としての尊《そん》厳《げん》を守《まも》るために

――国《こく》際《さい》人《じん》道《どう》支《し》援《えん》と食《しょく》のセーフティネットの構《こう》築《ちく》――

2012年5月25日　　初版第1刷発行

著　者　ヨハン・セルス
　　　　チャールズ・E・マクジルトン
編　者　小松﨑利明
企　画　土方　透
発行者　聖学院大学出版会
　　　　〒362-8585　埼玉県上尾市戸崎1-1
　　　　電話 048-725-9801
　　　　Fax. 048-725-0324
　　　　E-mail : press@seigakuin-univ.ac.jp
印　刷　望月印刷株式会社

ISBN978-4-915832-98-7　C0036

福祉の役わり・福祉のこころ

とことんつきあう関係力をもとに

岩尾　貢・平山正実　著

日本認知症グループホーム協会副代表理事であり、指定介護老人福祉施設サンライフたきの里施設長である岩尾貢氏による「認知症高齢者のケア」、北千住旭クリニック精神科医であり、聖学院大学総合研究所・大学院教授の平山正実氏による「精神科医療におけるチームワーク」を収録。福祉の実践における人へのまなざしとはどのようなものであるべきか。人間の尊厳、一人一人の生きがいが尊重される実践となるよう、共に暮らす人として相互主体的にかかわることに、最も専門性が要求されることが語られています。

Ａ５判ブックレット　６３０円

福祉の役わり・福祉のこころ

みんなで参加し共につくる

岸川洋治・柏木　昭　著

福祉の実践が「人間の尊厳、一人一人の生きがいが尊重される実践」となるためには、これからは新しいコミュニティの創造に取り組むべきなのではないでしょうか。横須賀基督教社会館館長の岸川洋治氏は「住民の力とコミュニティの形成」と題して、社会館の田浦の町におけるコミュニティセンターとしての意義を、日本の精神保健福祉に長年尽力し、聖学院大学総合研究所名誉教授・人間福祉スーパービジョンセンター顧問でもある柏木昭氏は「特別講義――私とソーシャルワーク」の中で、ソーシャルワークにかかわる自らの姿勢と、地域における「トポスの創出」とクライエントとの協働について語っています。

Ａ５判ブックレット　７３５円